JN040729

直感とちがう数学

葉一
監修

タカタ先生
原案

カシワイ
絵

Gakken

はじめに

　手に取っていただきありがとうございます。YouTube チャンネル「とある男が授業をしてみた」の葉一です。みなさんは日常生活の中で、パスワードを設定する機会があると思います。そのときにこんな文言を見たことはありませんか？

【アルファベットと数字の組み合わせで、8文字以上で設定してください】

　ここで質問です。アルファベットと数字の組み合わせで8文字のパスワードをつくろうと思ったら、そのつくり方は何通りあると思いますか？

　答えは **2兆8211億990万7456通り** です。

　ちなみに大文字と小文字の区別をつけようとすると、約218兆通りまで増えます。みなさんが先ほどの質問を読んだとき、「きっと大きな数なんだろうな」とは思ったものの、ここまで大きいとは思わなかったのではないでしょうか。

　このような直感とのズレが体験できる問題を、この本には詰め込んであります。難しい数学の知識などなくても楽しめる内容ですので、是非最後まで楽しんでみてください。

葉一

どうも！"数学教師芸人"のタカタ先生です！ あなたは自分の直感に自信がありますか？

　「自信がある」と答えた人は要注意！ なぜなら人間の直感は、数学の力で簡単に騙せてしまうから。

　特に確率は『直感とちがう数学』の宝庫です。もともと、確率はギャンブルを数学的に分析することで発展した学問であり、ギャンブルで勝つために確率は必要不可欠です。直感だけで勝負するギャンブラーは、周りからすれば良いカモなのです。

　さて、今回あなたの直感を揺さぶる『直感とちがう数学』の良問を24問ご用意しました。直感とのギャップが大きくなる様に数値を工夫していますし、問題を自分事として身近に感じてもらえる様に設定にもこだわっています。

　細かな計算はしなくてよいので、直感で自分の答えをイメージしてから、正解を見てみてください。きっと予想外の結果に驚くことでしょう！

　あなたは何問正解できるかな？

タカタ先生

Contents

登場人物

はると つむぎ

数学の問題を旅する2人

April ［4月］

新生活が始まる4月。

新しいクラスに胸を躍らせたり、就職活動で企業のことを調べたり。

その中でふと出る疑問。その答えは感覚でわかりそうだが、

はたして結果は……

01 同じ誕生日のペアがいるのは？

ある学校には、生徒が1クラスに35人います。
この1クラスの中に同じ誕生日の生徒が
1組以上いる確率はどれくらいでしょう？

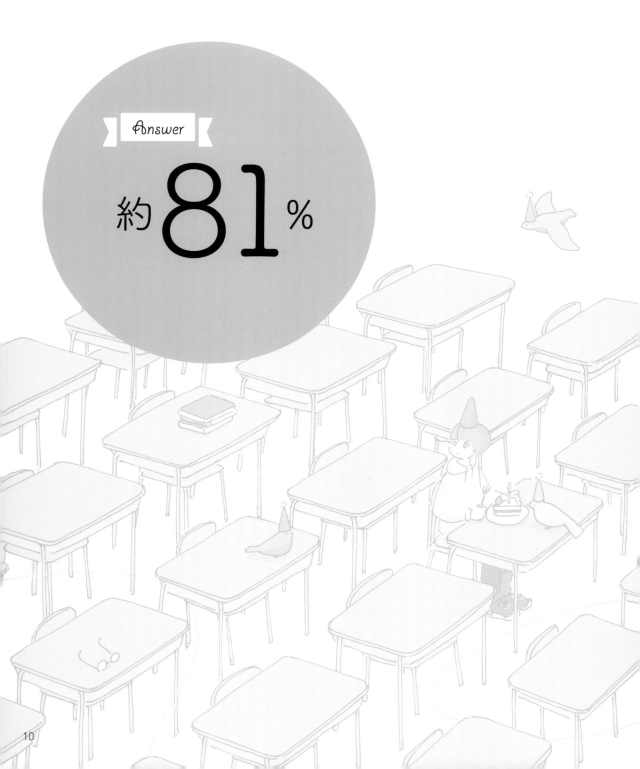

　「こんなに高いの!?」と思った人が多いかと思います。直感的にはもっと低く感じますよね。本当に約81%になるのか、実際に計算して確認してみましょう。

　まず、クラス内に同じ誕生日の生徒が1組もいない場合を考えてみます。35人の生徒をそれぞれ生徒1、生徒2、生徒3、…とします。生徒1の誕生日は、うるう年を無視すると365日の候補があるので

$$\frac{365}{365} \quad \begin{matrix} \leftarrow \text{生徒1の誕生日の候補} \\ \leftarrow \text{1年間の日数} \end{matrix}$$

と表されます。

　次に生徒2の誕生日を考えます。**生徒2の誕生日は生徒1とちがう誕生日なので、候補は364日です。**ここまでの確率は、生徒1の確率も考えて

$$\underset{\text{生徒1}}{\frac{365}{365}} \times \underset{\text{生徒2}}{\frac{364}{365}}$$

となります。同じように生徒3、生徒4、…と続けると、次のように計算できます。

$$\underset{\text{生徒1}}{\frac{365}{365}} \times \underset{\text{生徒2}}{\frac{364}{365}} \times \underset{\text{生徒3}}{\frac{363}{365}} \times \underset{\text{生徒4}}{\frac{362}{365}} \times \cdots \times \underset{\text{生徒35}}{\frac{331}{365}} = 0.1856 \cdots\cdots$$

　これより、**同じ誕生日の生徒が1組もいない確率は約19%**なので、同じ誕生日のペアが1組以上いる確率は**約81%**となるのです。

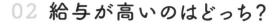

02 給与が高いのはどっち?

ある2つの企業の給与形態は、
次のようになっています。

企業A：年収400万円からスタートして、
　　　　毎年50万円ずつ昇給する

企業B：最初の半年を200万円からスタートして、
　　　　半年ごとに15万円ずつ昇給する

この条件のとき、どちらの企業に就職するほうが
高い給与をもらえるでしょう?

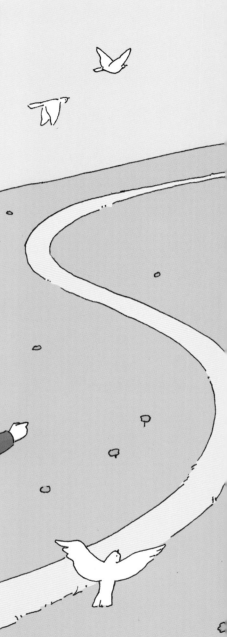

職業 **B**

　最初の収入も昇給金額も職業Aのほうが高いはずなのに、結果は職業Bのほうが高い給与をもらえるらしい。このようになる理由を、1年ごとの給与を出しながら考えてみましょう。

　まずは職業Aについて考えます。職業Aは年収400万円からスタートなので、1年目の年収は400万円です。2年目は50万円昇給するので、年収は450万円になります。その後、毎年50万円ずつ昇給していくので、5年目までの年収は次のようになります。

職業A	1年目	2年目	3年目	4年目	5年目
年収	400万円	450万円	500万円	550万円	600万円

　次に職業Bについて考えます。職業Bは最初の半年を200万円からスタートし、半年ごとに15万円ずつ昇給するので、後半の給与は215万円となります。よって1年目の年収は、200万円＋215万円＝415万円となります。

　2年目の前半は215万円から15万円昇給して230万円、2年目の後半は230万円から15万円昇給して245万円となり、2年目の年収は230万円＋245万円＝475万円となります。同じようにして5年目までの年収を考えると、次のようになります。

職業B	1年目	2年目	3年目	4年目	5年目
年収	415万円	475万円	535万円	595万円	655万円

　この表の通り、**職業Bのほうが必ず高い給与になります**。職業Bの表を見るとわかりますが、**実は毎年増える金額は半年の昇給額15万円×2＝30万円ではなく、60万円になるのです**。

May ［5月］

だんだんと暖かくなってくる5月。
母の日には花束のプレゼントを考えているが、
花の種類が多くて迷ってしまう。
缶ジュースを飲む量も増え、気がつけばすごい数に……

03　母の日のプレゼント

母の日に父、兄、私、妹の４人がそれぞれ花束をつくり、
母にプレゼントしようとしています。
ある花屋には12種類の花があり、その中から異なる３種類を選んで
花束をつくります。家族で同じ花を選んでもよいとき、
花束のつくり方は全部で何通りあるでしょう？

Answer

約**23**億通り

　問題で出てきた数字は全然大きくないのに、答えの数字の大きさにびっくりしたのではないでしょうか。どのように計算すると約23億通りになるのか見てみましょう。

　まず、父の花束のつくり方が何通りあるか確認していきます。全部で12種類ある花のうち、3種類を選んで花束をつくるので、そのつくり方は次のように計算できます。

$$_{12}C_3 = \frac{12 \times 11 \times 10}{3 \times 2 \times 1} = 220通り$$

　これより、父の花束のつくり方は220通りとなります。今回の問題では**家族で同じ花を選んでもよい**となっていますので、**兄、私、妹の花束のつくり方もそれぞれ220通りとなります。**つまり、家族全員の花束のつくり方のパターンを考えると

$$\underset{父}{220} \times \underset{兄}{220} \times \underset{私}{220} \times \underset{妹}{220} = 2,342,560,000通り$$

と計算でき、家族全員の花束のつくり方は**約23億通り**となります。

　もし家族全員がちがう花を選ばなければならない場合、花束のつくり方のパターンは大きく変わります。父親の花束のつくり方は220通りで変わりませんが、兄の花束のつくり方は、父が選ばなかった9種類の花から3種類を選ぶことになりますので$_9C_3 = $84通りとなります。同様に、私は残りの6種類から3種類を選ぶので$_6C_3 = $20通り、妹は余った3種類となりますので1通りとなります。よって、家族全員の花束のパターンは

$$\underset{父}{220} \times \underset{兄}{84} \times \underset{私}{20} \times \underset{妹}{1} = 369,600通り$$

となり、約37万通りとなります。同じ花を選んでよいかダメかで、これだけのパターンのちがいがでるのです。

04 大量の缶ジュース

私は新品の缶ジュースを200本もっています。
あるお店にジュースの空き缶5本をもっていくと、
新品の缶ジュース1本と交換してくれます。
では、私は全部で何本のジュースを飲めるのでしょう？

Answer

249本

　240本までは考えられた人も多いのではないでしょうか。では、本当に249本となるのか数えていきましょう。

　まず、「私は新品の缶ジュースを200本もっています。」と書いてあるので、200本は飲めますよね。次に、「空き缶5本を新品の缶ジュース1本と交換してくれる」とのことなので、もっていた缶ジュース200本がすべて空き缶になった場合

$$200本 ÷ 5 = 40本$$

で40本の新品の缶ジュースが手に入ります。

　さらに、**新品の缶ジュースが40本手に入ったので、これをすべて飲んで空き缶になったとすると、40÷5＝8本の新品の缶ジュースが新たに手に入ります。**同じように新品の缶ジュース8本がすべて空き缶になると、さらに1本交換してくれるので、これらを合わせると

$$200本 ＋ 40本 ＋ 8本 ＋ 1本 ＝ 249本$$

で**249本**となるのです。

June ［6月］

雨の日が増えつつある6月。
スマホゲームのガチャをするも、ほしいものがなかなか当たらない。
それならと心機一転、美容師学校に行くも、
生徒数の多さに圧倒される……

05 スマホゲームのガチャ

あるスマホゲームのガチャでは、
SSレアのアイテムの出現率が1％となっています。
では、このガチャを100回まわした場合、
1回でもSSレアのアイテムが当たる確率は
約何％でしょう。

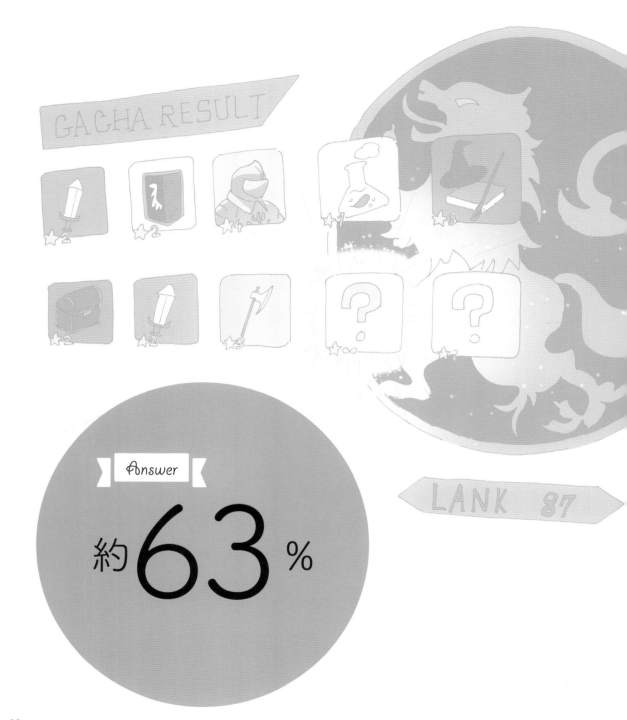

GACHA RESULT

Answer

約63%

LANK 87

解説

　出現率が１％だと、ガチャを100回まわすと約63％の確率でSSレアのアイテムが当たります。逆に言えば、約37％の確率で一度も当たらないんですね。これは、次のように計算できます。

　まず、一度もSSレアのアイテムが当たらない場合を考えてみます。**SSレアのアイテムが当たる確率は１％なので、当たらない確率は99％ですね。**つまり

$$\frac{99}{100} \quad \begin{matrix} \leftarrow \text{当たらない回数} \\ \leftarrow \text{全体} \end{matrix}$$

と表されます。一度も当たらない場合、$\frac{99}{100}$ を100回くり返すことになるので

$$\left(\frac{99}{100}\right)^{100} = 0.36603 \cdots\cdots$$

となり、パーセントで表すと約37％となります。

　この約37％という数字は一度も当たらないときの確率です。そのため、少なくとも１回はSSレアが当たる確率は**約63％**となるのです。

　「１％の確率で当たる」と言われると「100回のうち１回は当たる」と考えてしまいます。しかし正確には、**何億回や何兆回とおこなった結果、「100回に１回の割合で当たるようになった」**という意味なのです。確率におけるパーセントの意味にだまされないように注意しましょう。

06 増えた女性生徒は何人？

ある美容師学校には生徒数が全国で1000人おり、
そのうち900人が女性です。
この度、女性限定の学校を新設したところ、
女性の生徒数が増え、男女比が1：999になりました。
では、新規で増えた女性生徒数は何人でしょう？

33

99000人

　想像以上に増えていると感じたのではないでしょうか。もしかしたら、増えた生徒数は99人と思った人もいたかもしれませんね。なぜこのような数になるか、一緒に確認していきましょう。

　まず、もとの生徒の男女比をみてみましょう。全員で1000人おり、そのうち女性が900人なので、男性は100人になります。

	男性	女性
生徒数	100人	900人
比	1 :	9

　この後、男性の生徒数はそのままで女性の生徒数のみが増え、男女比が1：999になったので、表は次のようになります。

	男性	女性
生徒数	100人	?人
比	1 :	999

　上の表を見ると、生徒数は比の数の100倍となっています。つまり、女性は999人の100倍で99900人となります。もともと女性は900人いたので、増えた人数は99900－900＝**99000人**となります。比が出てきたときは、比の数字と実際の人数を一緒にしないよう気をつけましょう。

July ［7月］

夏が始まる7月。
青空のもと、オシャレなグラスにビールを入れて乾杯。
夕方には海辺で当たり付きアイスを購入。
はたして当たりは出るのか……

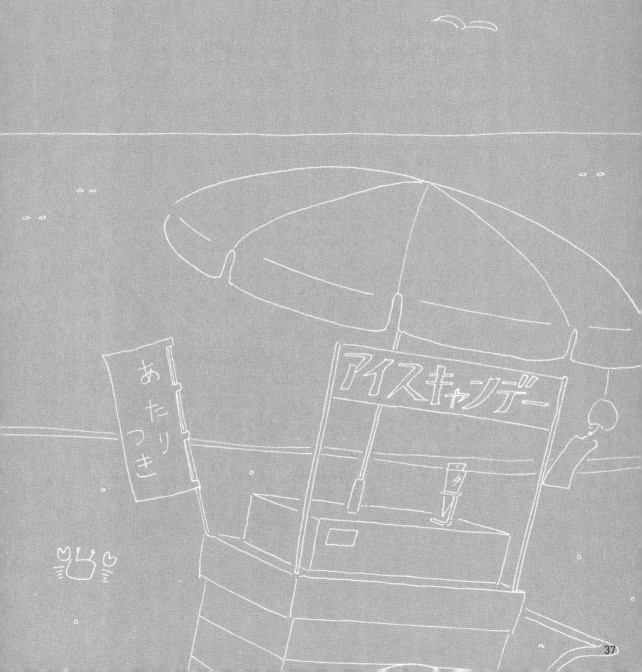

07 ビールの不思議

逆円錐形のグラスにビールを注ぎます。
底から7分目の位置までビールを注ぐと、
グラスの残りが泡で埋まりました。
ビールの量と泡の量の割合は何%ずつになるでしょう?

38

Answer

ビール：約**34**%

泡：約**66**%

　円柱形のグラスにビールを注ぐとき、ビールと泡の比が7：3になるように注ぐと、見た目が美しくなると言われています。そしてもちろん、ビールの量と泡の量の比は7：3になります。

　しかし今回の問題では、グラスの7分目までビールを入れたはずなのに、泡のほうが量が多くなってしまいます。この理由は、円錐形のグラスに秘密があります。

　形は同じで大きさがちがう関係を**相似**といいます。図形Aと図形Bが相似のとき、「長さの比」と「体積の比」は次のような関係があります。

> 図形Aと図形Bの長さの比が $a：b$ なら、
> 図形Aと図形Bの体積の比は $a^3：b^3$

　今回の問題で相似の関係になっているものはどこか。それは、ビールとグラスです。グラスの高さを10とするとビールは7分目まで注がれたので、相似比は10：7となります。

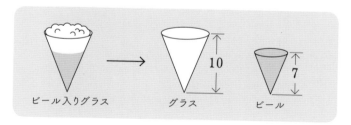

ビール入りグラス　　→　　グラス　　ビール

　グラスとビールの相似比が10：7ということは、先ほどの体積比の関係を用いると、$10^3：7^3 = 1000：343$ となり、グラス全体の約34％がビールであることがわかります。つまり、残りの約66％が泡となるのです。

08 当たり付きのアイス

当たり付きのアイスが2つあります。
それぞれのアイスが当たる確率は50%です。
片方のアイスがはずれだとわかったとき、
残りのアイスが当たりの確率は何%でしょう？

Answer

約**67**%

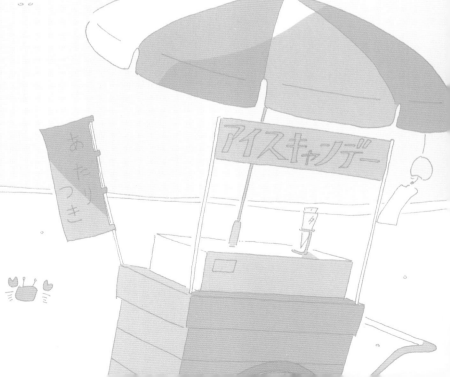

　「片方がはずれだから、残りのアイスが当たる確率は100％だ！」と考えた人や、「当たる確率が50％なんだから、残りのアイスも当たる確率は50％でしょ！」と考えた人がいたと思います。では、なぜ約67％になるのでしょう。

　まず、2つのアイスをアイスＡ、アイスＢとします。アイスが当たる確率は50％なので、アイスＡ、アイスＢの当たりとはずれの組み合わせは次のようになります。

	パターン1	パターン2	パターン3	パターン4
アイスＡ	当たり	当たり	はずれ	はずれ
アイスＢ	当たり	はずれ	当たり	はずれ

　このうち「**片方のアイスがはずれ**」という情報を知っているため、組み合わせは次の**3パターンにしぼられます。**

	パターン1	パターン2	パターン3	パターン4
アイスＡ	当たり	当たり	はずれ	はずれ
アイスＢ	当たり	はずれ	当たり	はずれ

　この中で当たりが入っているものは、3パターンの中に2パターンあるので、確率は次のようになります。

$$\frac{2}{3} = 0.666 \cdots\cdots$$

　これをパーセントで表すと**約67％**となります。ちなみに、「**アイスＡがはずれ**」という情報を知っている場合、**残りのアイス（アイスＢ）が当たりの確率は50％になります。**知っている情報によって確率が変わるんですね。

August ［8月］

夏の暑い日が続く8月。
スイカを食べようとするも水分が抜けており、なんだか軽くなっている。
屋台のお手伝いでは、兄の代わりに働いた分のお金のわけ方で
妹と喧嘩してしまう……

09 軽くなるスイカ

99％が水分でできているスイカ1000gを放置していたら、
水分が抜けてしまい、スイカの水分は98％になりました。
では、最初1000gあったスイカは何gになったでしょう？

Answer

500g

　たった１％しか減っていないのに、重さは半分になっています。この不思議な感覚の原因は、もちろんパーセントにあります。では、計算過程を見てみましょう。

　もともとスイカの重さは1000gあります。この1000gのうち99％が水分ということは、次の表のような関係があります。

	水分		水分以外		全体
重さ	? g		? g		1000g
割合	99%	:	1%	:	100%

　「全体」を見ると、割合の10倍の数が重さになっていることがわかります。そのため、最初の状態の水分は99の10倍で990g、水分以外は１の10倍で10gとなります。

　問題文には、「この状態から水分が減り、水分の割合が98％になった」と書いてあります。これは、**水分以外の重さは変わらず、水分だけが軽くなった**ということです。この情報を先ほどの表に当てはめると、次のようになります。

	水分		水分以外		全体
重さ	? g		10g		? g
割合	98%	:	2%	:	100%

　「水分以外」を見ると、割合の５倍の数が重さになっていることがわかります。そのため、水分は98の５倍で490g、全体は100の５倍で**500g**となるのです。

10 御礼のわけ方

兄、私、妹の3人は毎日交代で合計9日間、屋台の手伝いを
することになっていました。
しかし、兄が体調不良になってしまったため、私が5日間、妹が
4日間働きました。屋台の店主は兄の代わりに働いてくれた御礼
として、9000円を2人に渡しました。
私と妹はこの9000円をどのようにわけると平等でしょうか？

Answer

私：**6000**円

妹：**3000**円

　私が5000円、妹が4000円と考えた人が多いのではないでしょうか。この問題のポイントは、9000円が何に対して支払われたものかを考えることです。

　もともと3人が働く日数は、兄、私、妹ともに3日間ずつでした。しかし、兄が体調不良となったため、**兄が働く予定だった3日分のうち2日分を私が、残り1日分を妹が手伝う**ことにしました。

　店主がくれた9000円は、兄の代わりに働いてくれた分の対価として2人に支払われたものです。つまりこの9000円は、**私が働いた5日分と妹が働いた4日分に対するものではなく、私が兄の代わりに働いた2日分と妹が兄の代わりに働いた1日分に対するもの**なのです。これを表にまとめると次のようになります。

	私	妹	合計
兄の代わりに働いた日数	2日	1日	3日
御礼の金額	？	？	9000円

　合計のところを見ると日数の3000倍が金額になっていることがわかるので、**私がもらう金額が6000円、妹がもらう金額が3000円**となるのが平等なわけ方になります。

september [9月]

少しずつ涼しくなってくる9月。
宇宙空間で地球1周の距離を測ってびっくり。
十五夜にはお月見をするためにお弁当を準備したが、
何分温めればよいのだろう……

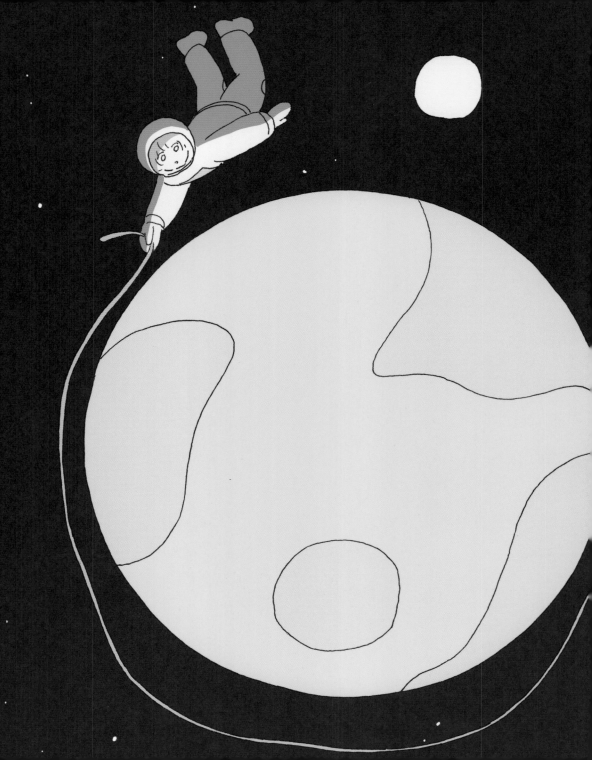

11 地球1周の距離

地球1周の距離は約4万kmといわれています。

では、その位置よりも1m高いところで地球を1周すると、

地球1周の距離は、もとの約4万kmよりも

どれくらい長くなるでしょう？

A　約6m　　　　　B　約9km

C　約300km　　　D　約600万km

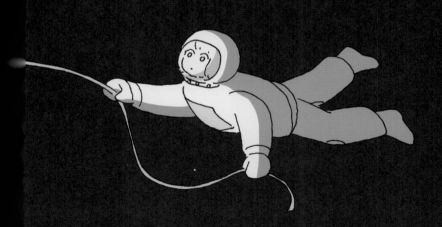

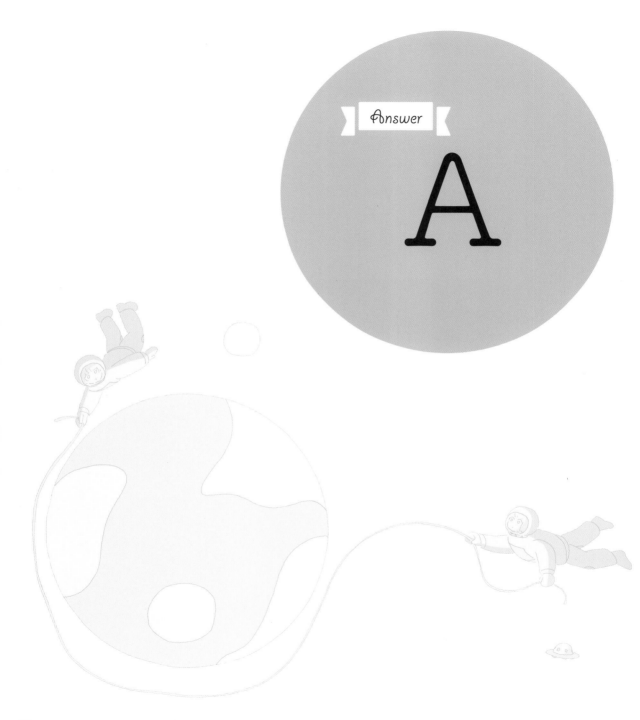

Answer

A

　１ｍ高い位置から地球を１周したとしても、たった６ｍ程度しか距離は長くなりません。地球１周で約４万kmもあるわけだから、もっと長くなる気がしますよね。これについて、円周の計算から求めてみましょう。

　まず、地球１周の約４万kmの求め方を確認します。**地球１周の距離は地球の円周を求めることと同じです。**円周は次の公式で求めることができます。

$$\underset{\text{円周}}{\underline{4万\text{km}}} = \text{直径} \times \underset{\text{円周率}}{\underline{3.14}}$$

　上の式より、直径は$\dfrac{4万}{3.14}$kmとなります。次に１ｍ高い位置から地球１周したときの直径を考えます。これは次の図のように、**直径は２ｍ分長くなります。**

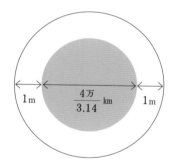

　ここから、先ほどの公式の通りに円周を求めると

$$\text{円周} = \underset{\text{直径}}{\underline{\left(\dfrac{4万}{3.14}\text{km} + 2\text{m} \right)}} \times \underset{\text{円周率}}{\underline{3.14}} = 4万\text{km} + 6.28\text{m}$$

となり、４万kmよりも6.28m（**約６ｍ**）分長くなることがわかります。

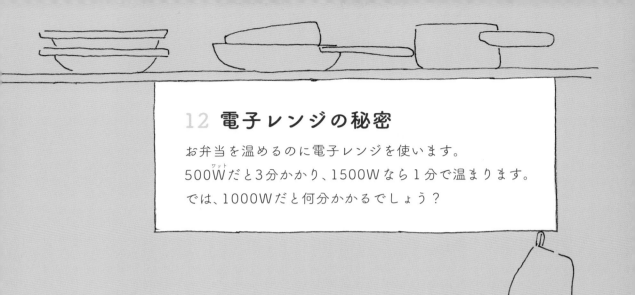

12 電子レンジの秘密

お弁当を温めるのに電子レンジを使います。
500W（ワット）だと3分かかり、1500Wなら1分で温まります。
では、1000Wだと何分かかるでしょう？

1分30秒

　「500Wで3分、1500Wで1分、ということは1000Wなら2分だ！」と思った人がいるのではないでしょうか。2分ではなく1分30秒になる理由は、中学理科で習った「電力と熱量の関係」にあります。

　電力と熱量の関係は、次の式で表されます。

$$\text{熱量〔J〕} = \text{電力〔W〕} \times \text{時間〔秒〕}$$

これは、「ある電力を使うと、使った時間の分だけ熱を与えられる」という意味です。言い換えれば、「**温めるのに必要な熱量は、電力と秒数の掛け算で求められる**」ということです。

　今回の問題ではお弁当を温めたいのですが、**それに必要な熱量は何Wでも同じ**です。例えば、500Wでは3分かかるとのことなので、お弁当を温めるのに必要な熱量は

$$500\text{W} \times 3\text{分（=180秒）} = 90000\text{J}$$

と計算できます。この熱量は、1000Wのときも1500Wのときも同じになります。

　これより、時間を求めるには熱量÷電力をすればよいので

$$90000\text{J} \div 1000\text{W} = 90\text{秒}$$

となり、1000Wでは**1分30秒**となります。この式を覚えておけば、600Wの電子レンジを使っている人も何秒間温めればよいか、計算できるようになりますね。

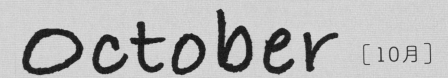

october [10月]

秋に差し掛かる10月。

果物の収穫とともに投資したお金の回収を考えるも、その金額にびっくり。

ハロウィンではみんなで仮装パーティー。

子ども達にお菓子が配られるが……

13 投資の秘密

1年に10万円ずつ、40年間で400万円の投資をします。
ある利率で運用すると、次のような結果となります。

・年利1％で運用すると、利益は約100万円になる
・年利2％で運用すると、利益は約200万円になる

では年利10％で運用すると、
40年間での利益は約何万円になるでしょう？

Answer

約4500万円

解説

　問題文を読むと、年利10%なら利益は約1000万円になりそうですよね。しかしなんと約4400万円。これは、年利の計算方法に秘密があるのです。

　例えば**年利1％というのは、1年間で利益が1％増える、つまり資産が101％になる**ということです。仮に年利1％で毎年10万円を投資した場合、1年目の資産は10万円×1.01となります。

　2年目は、1年目の資産に10万円を追加した金額の101％となります。つまり

$$\underset{\text{1年目の資産}}{\underline{10万円 \times 1.01}} + \underset{\text{2年目の投資}}{\underline{10万円}}) \times 1.01 = 10万円 \times (1.01 + 1.01^2)$$

と計算できます。3年目以降も同じように考えると、40年目の資産は

$$10万円 \times (1.01 + 1.01^2 + 1.01^3 + \cdots\cdots + 1.01^{40}) \fallingdotseq 493万7524円$$

となります。**投資金額は10万円×40年で400万円であるため、利益は93万7524円（約100万円）となる**のです。

　同じ考え方で、年利10%で投資をしたとすると、次のように計算できます。

$$10万円 \times (1.1 + 1.1^2 + 1.1^3 + \cdots\cdots + 1.1^{40}) \fallingdotseq 4868万5181円$$

　投資金額はもちろん400万円なので、利益は**約4500万円**となります。高い年利で長期間運用できると、すごい利益が出るんですね。

14 お菓子の配り方

子どもが10人います。ハロウィンの日にこの子ども達全員に
チョコレート、クッキー、アメ、マシュマロ、ポテトチップス
の5種類の中から2種類ずつを選び、お菓子を配ります。
それぞれの子どもが同じお菓子を選んでもよいとき、
お菓子の配り方は全部で何通りあるでしょう？

100億
通り

　これも想像以上の多さだったのではないでしょうか。どのように計算するのか、計算方法を確認していきましょう。

　まず、1人目の子どもに配るお菓子の選び方を考えてみます。5種類のお菓子から2種類を選んで配るので、その配り方は

$$_5C_2 = \frac{5 \times 4}{2 \times 1} = 10通り$$

となります。1人だけでは10通りなので、それほど大きい数字ではないですよね。

　この問題では「同じお菓子を選んでもよい」ということなので、2人目以降も同じく10通りとなります。よって、10人へのお菓子の配り方は

$$10 \times 10 \times 10 \times 10 \times 10 \times 10 \times 10 \times 10 \times 10 \times 10 = 100億通り$$

と計算でき、**100億通り**となるのです。

November [11月]

だんだんと冷え込んでくる11月。
毎年恒例のワインを飲みにオシャレなバーに向かうと、
マスターから問題を出される。さらに、紅葉狩をしようと外に出るも、
コインの不思議な世界に迷い込んでしまう……

15 高級ワインを探せ

バーのマスターが赤・青・緑の3つのグラスにワインを入れて
渡してきました。3つのワインのうち、1つは高級ワインらしい。
私が赤のグラスのワインを選んだところ、
マスターは選ばれなかった2つのグラスのうち、
高級ワインではないグラスのワインを飲み干しました。
では、残ったワインが高級ワインである確率は何％でしょう？

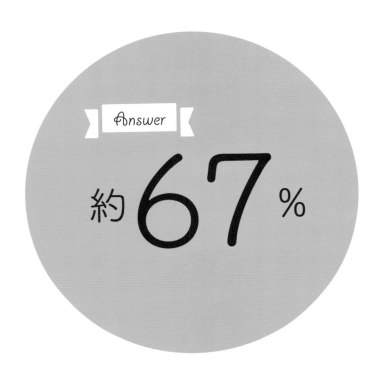

Answer

約**67**%

「3つのワインから1つを選ぶから、確率は33％」と考えた人や、「ワインが1つ減って2つになったから、確率は50％」と考えた人がほとんどではないでしょうか。この確率の問題について、一緒に計算してみましょう。

最初に3つのワインがあり、その中から赤いグラスのワインを選んでいます。それぞれのグラスのワインが高級かどうかの組み合わせは、次の通りになります。

	赤のグラス	青のグラス	緑のグラス
パターン1	高級	普通	普通
パターン2	普通	高級	普通
パターン3	普通	普通	高級

ここで、3つのグラスを「選んだグラス」と「選ばなかったグラス」にわけて考えます。

選んだグラス

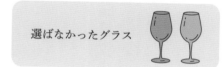
選ばなかったグラス

マスターは選ばれなかったグラスのうち、高級ワインではないほうのグラスを飲み干してしまいます。この結果、**パターン2やパターン3のように選ばれなかったほうに高級ワインがある場合、選ばれなかったほうの残ったグラスは必ず高級ワインとなります。**よって、上の表は次のように変化します。

	選んだグラス（赤）	選ばずに残ったグラス（青または緑）
パターン1	高級	普通
パターン2	普通	高級
パターン3	普通	高級

この結果、選ばなかったグラスの中で残ったグラスが高級ワインである確率は$\frac{2}{3}$で**約67%**となります。

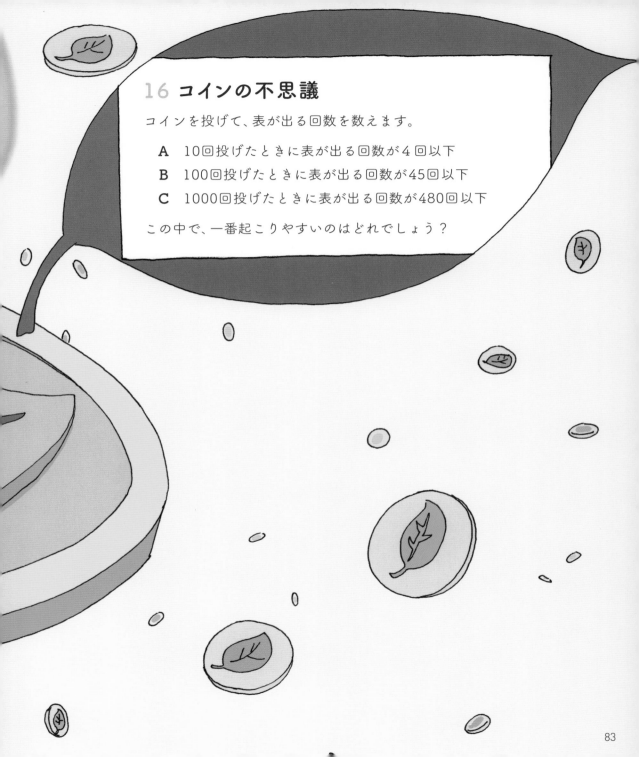

16 コインの不思議

コインを投げて、表が出る回数を数えます。

- **A** 10回投げたときに表が出る回数が4回以下
- **B** 100回投げたときに表が出る回数が45回以下
- **C** 1000回投げたときに表が出る回数が480回以下

この中で、一番起こりやすいのはどれでしょう？

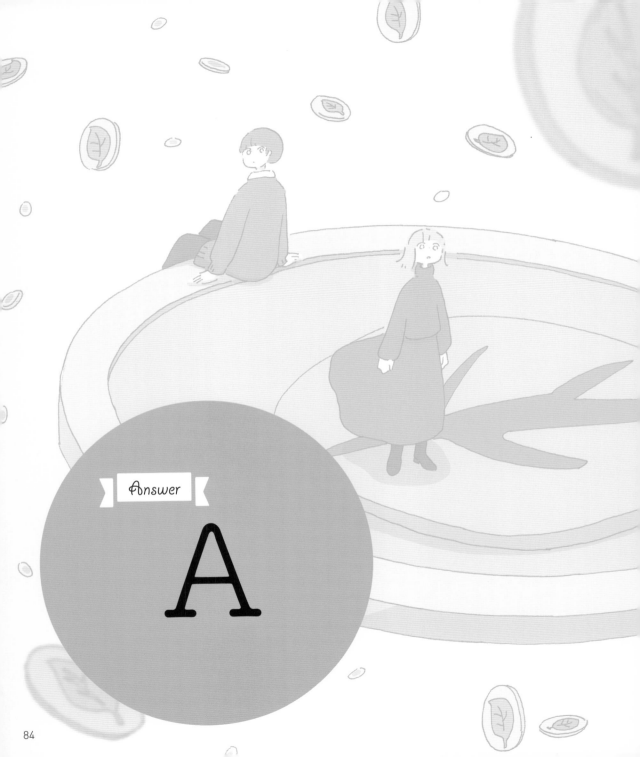

Answer

A

　「すべて1000回投げたとすると、Aは400回以下、Bは450回以下だから480回以下の
Cが答えだ」と思った人が多いのではないでしょうか。ではなぜAが答えになるのか、
この問題は計算方法が少し複雑なので、計算の考え方を見ていきましょう。

　まずはAのとき。ここで重要な考え方が「**表が出る回数が4回以下**」と「**表が出る回
数が6回以上**」の確率は同じということです。なぜなら、「表が出る回数が6回以上」は
「裏が出る回数が4回以下」といえるからです。表が出る確率と裏が出る確率は同じな
ので、結果同じことを言っていることになります。この考え方を使うと、次の式で確率
を求めることができます。

> 表が出る回数が4回以下の確率　＝（1 － 表が出る回数が5回の確率）÷ 2 ≒ 0.377
> 　　　　　　　　　　　　　　　　　　　　約0.246

　次にBのとき。こちらもAのときと同じ考え方を使うと、次のような式で確率を求め
ることができます。

> 表が出る回数が45回以下の確率
> ＝（1 － 表が出る回数が46回の確率 － …… － 表が出る回数が54回の確率）÷ 2
> ≒ 0.184　　　　　　　　　　　　　　約0.632

　同じようにしてCの場合を考えると、

> 表が出る回数が480回以下の確率
> ＝（1 － 表が出る回数が481回の確率 － …… － 表が出る回数が519回の確率）÷ 2
> ≒ 0.130　　　　　　　　　　　　　　約0.741

となります。この3つの結果を比べると、一番起こりやすいのは**A**となります。

December [12月]

年の瀬が近づいている12月。
南極大陸を冒険しようとするも, 道に迷ってしまう。
クリスマスケーキを買いにケーキ屋さんへ向かうも、
2つのサイズで悩んでしまう……

17 南極大陸の散策

方位磁針を持ちながら、南極大陸を散策していきます。
南極点（地球の一番南の場所）をスタートして、
次のように進みました。

　　　北に5km　→　東に5km　→　南に5km

この後、再び南極点に戻るためには、
どの方角にあと何km進めばよいでしょう？

まさかもう南極点に到着しているとは思いませんでしたよね。問題を読んで考えると、「西に5km進む」と考えてしまいがちです。では、なぜ西に進む必要がないのか、一緒に考えてみましょう。

この問題でのポイントは、**平面で考えるか球体で考えるか**ということです。例えば平面上で問題の通りに動いた場合、次のようになります。

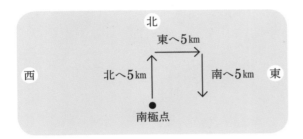

たしかに上の図のようであれば、西へ5km進まないと南極点に到着しません。しかし、地球は球体なので、動きは次のようになります。

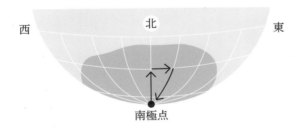

南極点はそもそも地球の真南の位置にあるので、南の方へ進むということは南極点の方へ進むことと同じなのです。つまり、北へ進んだ方向と同じ距離だけ南に進めば、**南極点に到着する**のです。

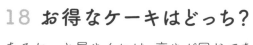

18　お得なケーキはどっち？

あるケーキ屋さんには、高さが同じである
1個2000円の4号（直径12㎝）のケーキと
1個4000円の6号（直径18㎝）のケーキが売っています。
4号のケーキ2個買うのと6号のケーキ1個買うのでは、
どちらのほうがたくさん食べられるでしょう？

6号のケーキ
1個

　この問題は予想通りだったでしょうか？　この問題を考えるポイントは、**直径で比較せず、面積で比較する**ということです。

　直径で比較した場合、4号のケーキは直径12cmなので、2つ分で24cmとなります。一方で6号のケーキは直径18cmなので、これだけ見ると「4号のケーキ2個」のほうがお得な気がしてしまいます。

　しかし、食べられる量はケーキの体積によって決まります。そしてケーキを円柱の形に見立てると、体積は次のように求められます。

> 体積 ＝ 底面積 × 高さ

　今回、**ケーキの高さは同じなので、食べられる量は底面積によって決まります**。では、それぞれのケーキの底面積を計算してみます。まずは4号のケーキの底面積について、直径が12cmなので半径は6cm、円周率をπとすると

> 4号のケーキの底面積 ＝ $6 \times 6 \times \pi = 36\pi\,\text{cm}^2$

と計算できます。これが2個分なので、$36\pi \times 2$で$72\pi\,\text{cm}^2$となります。

　次に6号のケーキの底面積を求めると、半径が9cmなので

> 6号のケーキの底面積 ＝ $9 \times 9 \times \pi = 81\pi\,\text{cm}^2$

となります。この結果、**6号のケーキ1個**のほうがたくさん食べられることがわかりますね。

January [1月]

新しい年を迎える1月。
今年の運勢を占おうと初詣でおみくじを引くと、
なんと3連続で末吉だ。
体調を崩して病院で検査してもらうも、季節性の感染症ではなさそうだ……

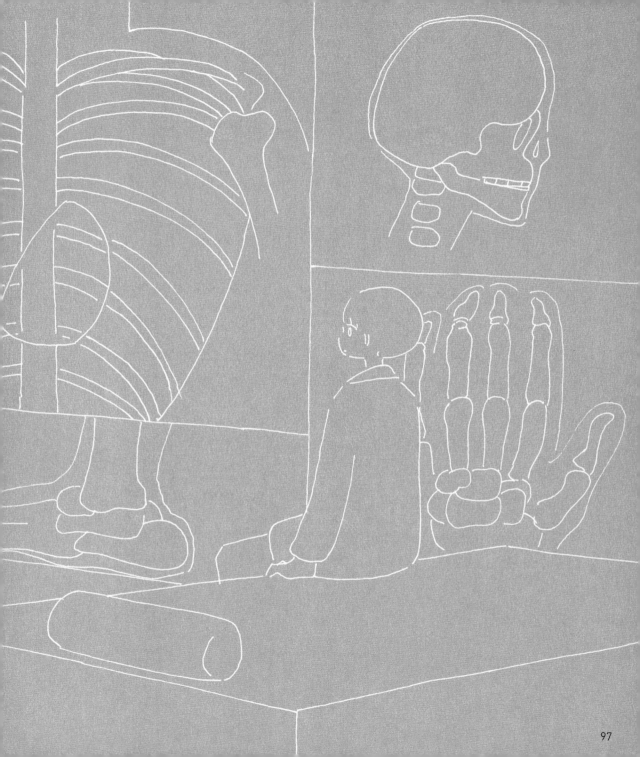

19 おみくじを3回連続で引くと?

大吉、中吉、小吉、吉、末吉、凶、大凶の7種類が
入っているおみくじがあります。
この7種類の結果が出る確率はどれも等しく$\frac{1}{7}$となっています。
このおみくじを3回連続で引いたとき、
すべて同じ結果が出てくる確率はどれくらいになるでしょう?

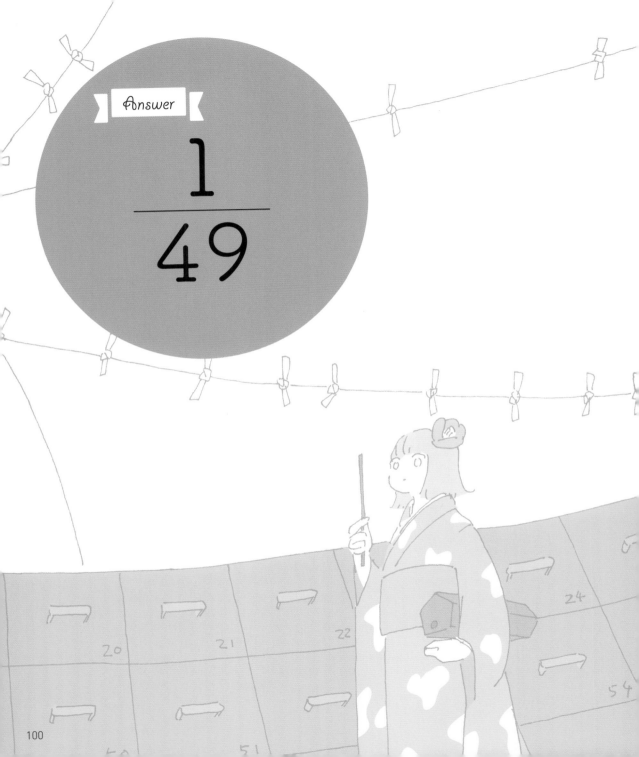

すごくシンプルな確率の問題。しかし、こういうシンプルな問題でも、考えるときに引っかかってしまうことがあります。今回は$\frac{1}{343}$と間違ってしまう人がいたのではないでしょうか。

例えば3回連続で大吉が出る確率を考えます。1回目のおみくじの引き方は、7種類の結果が入っているおみくじから大吉を引くので、その確率は$\frac{1}{7}$となります。同じように、2回目も大吉が出る確率は$\frac{1}{7}$、3回目も同様で$\frac{1}{7}$となります。これより、大吉が3回連続で出る確率は

$$\frac{1}{7} \times \frac{1}{7} \times \frac{1}{7} = \frac{1}{343}$$

となります。しかし**この結果は、あくまでも「大吉が3回連続で出る確率」**なのです。今回の問題では、大吉ではなく中吉や小吉が3回連続で出てもよいので、何かしらの結果が3回連続で出る確率は

$$\frac{1}{7} \times \frac{1}{7} \times \frac{1}{7} \times 7 = \frac{1}{49}$$

より、$\frac{1}{49}$となるのです。「大吉が3回連続」のように、頭の中で勝手に条件をつけてしまい、出る確率を誤って考えてしまわないように気をつけましょう。

20 感染している確率

ある地域では1000人に1人の割合で感染症にかかっています。
ある検査薬を使うと、感染している場合は99％の確率で
陽性反応が、感染していない場合は99％の確率で陰性反応が
出るそうです。
この地域に住む私が、この検査薬を使って陽性反応が出た場合、
感染している確率は何％でしょう？

A 約9％ **B** 約21％

C 約72％ **D** 約99％

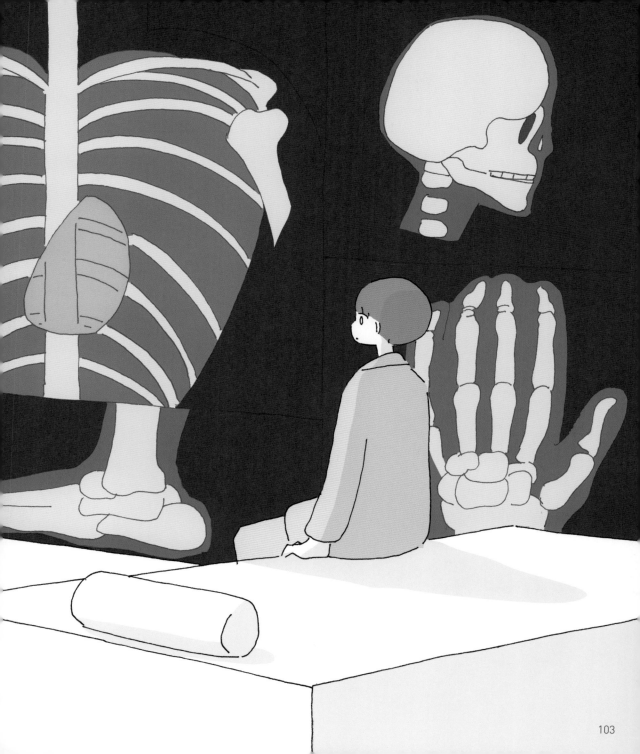

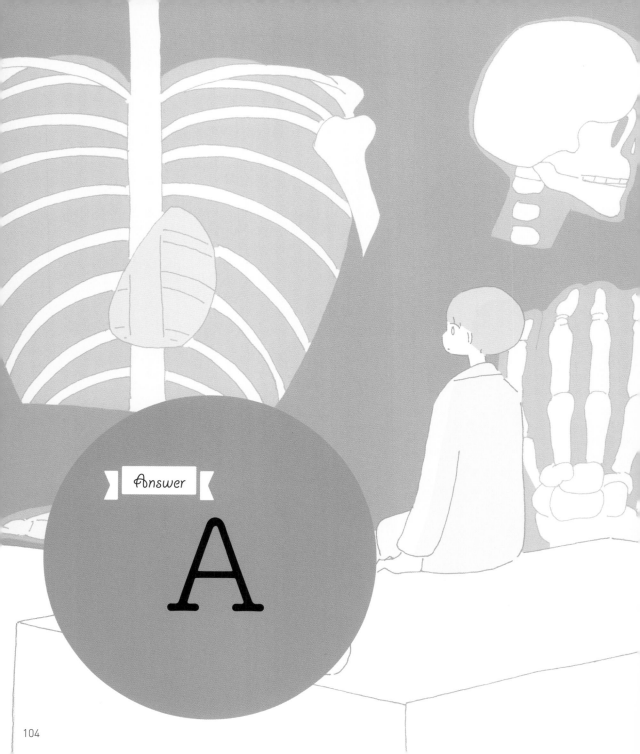

Answer

A

　この結果に驚いている人が多いのではないでしょうか。なぜこれだけ精度が高い検査薬を使っているにもかかわらず、陽性反応が出たときに感染している確率が約9％になってしまうのでしょう。**この問題で一番重要なことは、「1000人に1人の割合で感染症にかかっている」という事実**です。

　わかりやすく、ある地域に10万人の人がいるとします。その場合、1000人に1人の割合で感染症にかかっているとのことなので、この地域で感染症にかかっている人数は100人になります。つまりこの地域にいる人は、次のようにわけられます。

	感染している	感染していない	合計
ある地域の人たち	100人	9万9900人	10万人

　このうち、「感染している場合は99％の確率で陽性反応が出る」となっているので、感染している100人の検査薬の結果は次の通りになります。

	陽性反応	陰性反応	合計
感染している人たち	99人	1人	100人

　同じように、「感染していない場合は99％の確率で陰性反応が出る」となっているので、感染していない9万9900人の検査薬の結果は次の通りになります。

	陽性反応	陰性反応	合計
感染していない人たち	999人	9万8901人	9万9900人

　ここで問われているのは、「陽性反応が出た場合に感染している確率」です。上の表より、**陽性反応が出た人数は99人＋999人で1098人**です。そのうち99人が感染している人たちとなっているので、その確率は

$$\frac{99}{1098} = 0.090 \cdots$$

となり、**約9％**が感染していることになるのです。

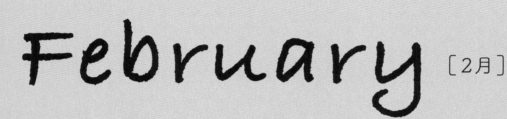

February [2月]

厳しい寒さが続く2月。
ミルクとコーヒーを少しずつ混ぜながらホッと一息。
バレンタインにはチョコレートを買うも、
何味が出るかはお楽しみ……

21 ミルクとコーヒーの割合は？

ミルクとコーヒーを準備して、次の作業をします。

1 ミルクをスプーンですくってコーヒーに移し、よくかきまぜる
2 ミルクを混ぜたコーヒーから、1 と同じ量だけすくって
  ミルクの中に戻す

では、コーヒーの中に混ざったミルクの量と、
ミルクの中に混ざったコーヒーの量は、どちらが多いでしょう？

どちらも同じ

これだけコーヒーもミルクも移動しているのに、同じ量となることに驚いている人も多いのではないでしょうか。では、ミルクとコーヒーがそれぞれどのように移動しているのかを確認していきましょう。

まず、**1**の作業です。わかりやすく、もとのミルクの量を50、コーヒーの量を90とし、コーヒーへ移すミルクの量を10とします。そうすると、次の図のような移動をします。

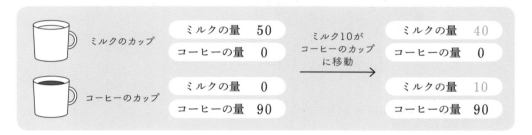

次に**2**の作業をします。コーヒーが入っていたカップから、ミルクとコーヒーを合計10だけ移動します。このとき、**ミルクとコーヒーが移動する量はそれぞれの割合に比例するので、ミルクは1、コーヒーは9移動することになります。**

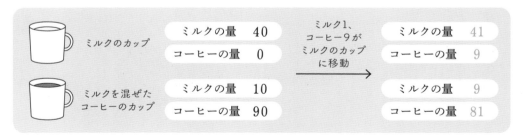

この結果、コーヒーの中に混ざったミルクの量とミルクの中に混ざったコーヒーは、**どちらも同じ**になることがわかります。今回はわかりやすい数字で解説しましたが、どのような数字でも同じ結果になります。

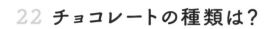

22 チョコレートの種類は?

バレンタイン用のチョコレートを購入しました。
このチョコレートは、ビターチョコレートと
ホワイトチョコレートが50%の確率で
ランダムに入っています。
2つ購入して、2つのうち1つがホワイトチョコレート
だとわかった場合、もう1つもホワイトチョコレート
である確率は何%でしょう?

約33%

　この問題の答えも、50%ではなく約33%という不思議な確率になっていますね。この理由を順番に考えていきましょう。

　まず、チョコレートを2つ購入しています。それぞれチョコレートA、チョコレートBとすると、このチョコレートの中身の組み合わせは次の4パターンになります。

	パターン1	パターン2	パターン3	パターン4
チョコレートA	ホワイト	ホワイト	ビター	ビター
チョコレートB	ホワイト	ビター	ホワイト	ビター

ここで、「2つのうち1つがホワイトチョコレート」という情報を知っているため、候補は次の3パターンに絞られます。

	パターン1	パターン2	パターン3	~~パターン4~~
チョコレートA	ホワイト	ホワイト	ビター	~~ビター~~
チョコレートB	ホワイト	ビター	ホワイト	~~ビター~~

　この中で両方ともホワイトチョコレートであるものは、3パターンの中に1パターンあるので、確率は**約33%**となります。考え方はp.42にある「08 当たり付きのアイス」の問題と同じです。

March ［3月］

卒業シーズンの３月。

日本人の血液型の割合を調べていると、面白いことがわかった。

さらに、A学校とB学校で共通テストの平均点を比較すると

驚きの結果に……

118

23 血液型の割合は?

日本人における血液型の割合は、
A型が40％、O型が30％、B型が20％、AB型が10％
といわれています。では、ある4人のうち1人だけが
B型である確率は何％でしょう?

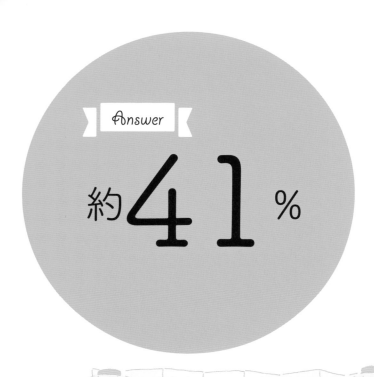

　日本人のB型の割合は20%といわれているにもかかわらず、答えは約41%となります。では、本当に約41%となるのか計算してみましょう。

　まず、4人の日本人をそれぞれJ-1さん、J-2さん、J-3さん、J-4さんとします。そして、仮にJ-1さんがB型だったとしましょう。**日本人のB型の割合は20%なので、J-1さんがB型である確率は $\frac{20}{100}$ となります。このとき、J-2さん、J-3さん、J-4さんはB型以外の血液型となるので、それぞれの確率は $\frac{80}{100}$ となります。**よって、このパターンになる確率は

$$\underset{\text{J-1}}{\frac{20}{100}} \times \underset{\text{J-2}}{\frac{80}{100}} \times \underset{\text{J-3}}{\frac{80}{100}} \times \underset{\text{J-4}}{\frac{80}{100}} = \frac{1024}{10000}$$

となります。

　これ以外に、J-2さんがB型になるパターン、J-3さんがB型になるパターン、J-4さんがB型になるパターンと全部で4パターンあるので、その確率は

$$\frac{1024}{10000} \times 4 = \frac{4096}{10000} = 0.4096$$

となり、これをパーセントに直すと**約41%**となるのです。

24 平均点の落とし穴

Ａ学校とＢ学校の生徒で、共通テストの生物の平均点を比較しました。
文系同士を比較するとＡ学校の平均点が高く、
理系同士を比較してもＡ学校の平均点が高かったそうです。
では、Ａ学校とＢ学校の全員で比較すると、
どちらの学校のほうが生物の平均点が高かったでしょう？

この条件では
わからない

　同じテストで、文系同士を比較しても理系同士を比較しても、どちらもＡ学校のほうが平均点が高かった。それにもかかわらず、全員で比較すると「わからない」という結果になってしまいます。本当にわからないのか、次の２パターンで考えてみましょう。

❶ 次のような生徒数と平均点のとき

	A学校		B学校	
	人数	平均点	人数	平均点
文系	100人	70点	100人	50点
理系	100人	80点	100人	60点
全員	200人	?	200人	?

まず、**全員の平均点は「全員の合計点数÷全員の合計人数」で求めることができます。**ここで、**Ａ**学校の生徒全員の合計点数は次のように求めることができます。

文系の合計点数　理系の合計点数　全員の合計点数
$$100 \times 70 + 100 \times 80 = 15000$$

　これらより、**Ａ**学校の平均点は15000÷200で75点となります。同様にして**Ｂ**学校の平均点を計算すると、11000÷200で55点となり、このパターンでは**Ａ**学校の平均点が高くなりました。

❷ 次のような生徒数と平均点のとき

	A学校		B学校	
	人数	平均点	人数	平均点
文系	400人	60点	100人	50点
理系	100人	80点	400人	70点
全員	500人	?	500人	?

　❶のときと同じように計算してみると、**A学校の平均点は64点、B学校の平均点は66点となり、このパターンではB学校の平均点が高くなりました。**

　つまり、生徒数と平均点によって結果が変わってしまうため、**この条件ではわからない**のです。

なぜ直感とちがうのか？
葉一＆タカタ先生の制作あれこれ

—— 日常で「直感とちがう数学」っぽいと感じるようなことはありますか？

葉一　「15000円の30%引きされた金額を30%増やすと、合計で何円になる？」
塾講師をしていたころ、このような質問をすると「15000円に戻りそう」と感じている子が多くいました。もちろん15000円にはなりませんが、きっと大人でも、この結果にギャップを感じる人はいると思います。

タカタ先生　体積比も「直感とちがう！」となりやすいですね。例えばスモールライトで身長を80%にすると、体重は何%になるか。答えは0.8の3乗で、約50%です。割合や比は、きちんと考えないとだまされやすいんです。

—— なぜ，正しい計算とちがうように考えてしまうのでしょうか？

葉一　直感というのは、自分の経験から感じるところが大きいので、正確な知識のない状態で経験のみに頼ると直感とずれるのだと思っています。
例えば、p.8にもあった「クラス内に同じ誕生日の人がいる確率」。みなさんは同じ誕生日の人と出会ったことはありますか？私は、クラスメイトに限定しなくても出会ったことがありません。その経験から判断するので、このパーセンテージは大きく直感と反するように感じます。今回の本に出てくる問題は身近な出来事が多いので、よりみなさんの経験や感覚に左右されやすいのだと思います。

タカタ先生　他にも数学的な観点でいうと、「極端な割合」は勘違いの原因になると思います。本書では「スイカの水分」や「美容師学校の女性生徒」、「感染していない人」などは割合が極端に大きいので要注意です。

── では、直感と計算のギャップをなくすためには、どのようなことを意識すればよいのでしょうか?

タカタ先生　直感は間違えやすいという事実を肝に銘じて、論理と数値に裏打ちされた答えをもとに、慎重に判断することが大事だと思っています。計算のやり方だけでなく、そうなる理由を自分なりの言葉で説明出来ることも大切ですね。また、表やグラフにまとめて情報を整理することで、ある程度のギャップは埋められると思います。

葉一　直感をより正確にするには、知識やなぜそうなるのかという根拠や理由を理解することが一番だと思います。特に「比はひっかかりやすい」ということを知っておくことは重要ですね。

── 最後に、本書の中でオススメの問題を教えてください。

葉一　オススメというより「好きな問題」という表現のほうがしっくりきますが、p.58の「地球一周の距離」が好きですね。地球の外周自体が大きいので、そこから外側に線をひいたら差も大きくなりそう…ですよね。実際、家族に質問してみたら「A(6m)は絶対にない」と言っていました(笑)

タカタ先生　「直感とちがう数学」と言われて、多くの数学好きが真っ先に思い浮かべるであろうp.8の問題。通称『誕生日のパラドックス』の問題。今回は35人でやりましたが、人数を増やすとさらに直感とちがう問題になります。例えば100人の誕生日を調べたとき、同じ誕生日のペアは何組いると思いますか?　せいぜい2、3組?　いえいえ、実際は10組くらいいます!　直感とちがう〜!

参考文献

『面白くてやみつきになる！文系も超ハマる数学』横山明日希、青春出版社

『直感を裏切る数学「思い込み」にだまされない数学的思考法』神永正博、講談社

『日常は数であふれている 解き続けたくなる数学』横山明日希、日東書院本社

『文系もハマる数学』横山明日希、青春出版社

『Newton ライト2.0 パラドックス 数学編』ニュートンプレス

STAFF

監修	葉一
問題原案	タカタ先生
装丁	草苅睦子（albireo Inc.）
中面デザイン	櫻井ミチ
絵	カシワイ
編集協力	竹田直　花園安紀
印刷	株式会社 リーブルテック
企画編集	藤村優也